Activación de un Laboratorio de Telecomunicaciones

Telecomunicaciones y Electrónica, Volume 1

Sección U ingeniería Electrónica para el Tránsito Aéreo

Published by KDP Editorial Design, 2023.

ACTIVACIÓN DE UN LABORATORIO DE TELECOMUNICACIONES

First edition. July 9, 2023.

Copyright © 2023 Sección U ingeniería Electrónica para el Tránsito Aéreo.

ISBN: 979-8223994770

Written by Sección U ingeniería Electrónica para el Tránsito Aéreo.

ACTIVACIÓN DE UN LABORATORIO DE
Telecomunicaciones

Un aporte para la Ingeniería Electrónica enfocado en la seguridad del tránsito aéreo.

Maracay, mayo 2023

SECCIÓN U INGENIERÍA ELECTRÓNICA PARA EL TRÁNSITO AÉREO

REPÚBLICA BOLIVARIANA DE VENEZUELA
INSTITUTO UNIVERSITARIO DE AERONÁUTICA CIVIL

ACTIVACIÓN DE UN LABORATORIO DE TELECOMUNICACIONES

Un aporte para la Ingeniería Electrónica enfocado en la seguridad del tránsito aéreo.

Autores: Sección U Ingeniería Electrónica para la seguridad del tránsito aéreo.

Maracay, 2023

INDICE GENERAL

REFERENCIAS BIBLIOGRÁFICAS

LISTA DE CUADROS

LISTA DE GRÁFICOS

Grafico N° pp.

LISTA DE FIGURAS

FigurA N° pp.

ACTIVACIÓN DE un LABORATORIO DE Telecomunicaciones EN un INSTITUTO DE AERONÁUTICA CIVIL

Un aporte para la Ingeniería Electrónica enfocado en la seguridad del tránsito aéreo.

Autores: Sección U Ingeniería Electrónica para la seguridad del tránsito aéreo.

RESUMEN

El presente estudio de investigación tiene como objetivo proponer la activación del Laboratorio de telecomunicaciones situado en el Instituto Universitario de Aeronáutica Civil May. Av. "Miguel Rodríguez" (IUAC), con el fin de beneficiar la formación académica de los estudiantes del IUAC a través de la práctica. El proyecto se fundamenta en las teorías de las telecomunicaciones y el electromagnetismo, y busca mejorar la calidad educativa y la formación técnica de los estudiantes. Para llevar a cabo el estudio, se utilizó una metodología cuantitativa con un diseño de campo, que incluyó la selección de una población y muestra objeto de estudio conformada por (04) especialistas en el campo de las telecomunicaciones y (04) estudiantes de la mención ETA. La técnica empleada para la recolección de datos fue la encuesta, y su instrumento el cuestionario. Los datos obtenidos fueron analizados utilizando la técnica de distribución de frecuencia. Los resultados de la investigación se presentan mediante gráficos circulares que representan los porcentajes de las respuestas obtenidas en el cuestionario. Los datos demuestran la viabilidad y relevancia de la propuesta de activación del Laboratorio de telecomunicaciones en el IUAC, y los beneficios que esto conlleva para los estudiantes y la institución en general. El laboratorio cuenta con equipos de última generación, como simuladores de enlaces de microondas, fibra óptica, analizador de redes inalámbricas, calibración de antenas, entre otras herramientas, que permiten a los estudiantes adquirir conocimientos prácticos y aplicarlos en el campo laboral de los Servicios a la Navegación Aérea.

Descriptores: Laboratorio de investigación, Enlaces de microondas, Fibra óptica, Analizador de Redes.

INTRODUCCIÓN

El presente trabajo de investigación tiene por objetivo presentar la propuesta de activación del laboratorio de telecomunicaciones en el Instituto Universitario de Aeronáutica Civil May. (Av.) "Miguel Rodríguez" (IUAC), ya que este se proyecta como un espacio adecuado para el desarrollo de los conocimientos teóricos, a través de la realización de actividades prácticas, que permitan el refuerzo de las clases impartidas en el aula, preparando de forma eficiente a la población estudiantil en la especialidad de Ingeniería en Electrónica para la Seguridad del Transporte Aéreo (ETA) del instituto.

En este sentido, el trabajo de investigación se estructura de la siguiente manera: Fase I (diagnóstico), donde se presenta la reseña histórica, las dimensiones y potencialidades del área seleccionada para la propuesta, las herramientas y criterios empleados para la priorización de problemas y la vinculación del problema seleccionado con el Plan de la Patria 2019 – 2025; fase II (contextualización del problema), se presenta el objetivo general y los objetivos específicos, además de la composición y ordenamiento de las acciones que se llevan a cabo; para la fase III (marco teórico referencial), se desarrollan la fundamentación teórica, definición de términos básicos y la fundamentación legal relacionadas al tema de investigación; concerniente a la fase IV (aspectos metodológicos), se aborda el tipo de investigación, diseño de la investigación, población y muestra, técnicas e instrumentos de recolección de datos y las técnicas de análisis de datos seleccionados y utilizados, en última instancia, la fase V, la cual contempla el desarrollo, resultados de las actividades realizadas en función de dar alcance a cada objetivo, atendiendo al plan de acción, así como también impacto social en la comunidad vinculada.

FASE I: DIAGNOSTICO

Exploración Inicial
Reseña Histórica

La comunicación siempre ha sido fundamental para la humanidad, sin embargo, las limitaciones del espacio y el tiempo dificultaban la transmisión de información. El desarrollo de las telecomunicaciones ha evolucionado a lo largo de décadas, desde los mensajeros de civilizaciones antiguas como los egipcios y romanos, hasta el uso del correo postal. En este sentido, las telecomunicaciones propiamente dichas surgieron con la invención del telégrafo en 1833, utilizado por Johann Gauss y Wilhelm. La invención del teléfono a finales del siglo XIX impulsó el desarrollo de las radiocomunicaciones y sentó las bases para una nueva era de evolución en las telecomunicaciones, gracias a los experimentos científicos de Maxwell, Faraday y Hertz sobre campos electromagnéticos.

Progresivamente, se desarrollaron los primeros prototipos de teléfonos, siendo una de las invenciones de mayor auge para el desarrollo del ser humano y su expansión, formando el desarrollo de las radiocomunicaciones y las bases de una nueva era en la evolución de las telecomunicaciones del siglo XX, nutriéndose de notables experimentos científicos de la época tales como James Maxwell, Michael Faraday y Heinrich Hertz, quienes demostraron el comportamiento de campos electromagnéticos y como podían ser reflejados, refractados, polarizados y difractados.

La creación de diversos medios de telecomunicaciones a lo largo de la historia ha sido clave en la conjugación de varios acontecimientos, siendo particularmente relevante en la década de los cincuenta después de la II Guerra Mundial. Debido al aumento del tráfico aéreo, los aeropuertos se vieron obligados a adaptar sus infraestructuras y servicios para gestionar el tráfico. Los ingenios que se desarrollaron durante la guerra se adaptaron al tráfico civil, y los avances en la gestión de la información con medios electrónicos facilitaron el manejo de grandes cantidades de pasajeros.

La necesidad de organizar el espacio aéreo adquirió mayor importancia a medida que se hizo evidente el riesgo de colisiones en vuelo. Una serie de accidentes aéreos entre los años 1920 y 1970 impulsaron la implantación de procedimientos y tecnologías para el control de tráfico aéreo. La implementación de estos sistemas en Venezuela marcó el inicio de una revolución en los elementos asociados a la aviación nacional. En 1942, Pan American se estableció como la fundadora del aeródromo que más tarde se convertiría en el Aeropuerto Internacional de Maiquetía. La constitución cooperativa de la Sociedad Internacional de Telecomunicaciones Aeronáuticas (SITA) permitió la creación de la primera red de telecomunicaciones de alto nivel en el país, lo que impulsó aún más el área de las telecomunicaciones aeronáuticas en Venezuela.

Las conexiones de alto nivel se ejecutaron a través de la radiotelegráfica la cual enlazaba a Maiquetía con Martinica (Antillas Menores) y luego con París, el paso que se realizó ocurrió previo a la conformación de eficientes circuitos computarizados como el Gabriel, Corda, Sabre, Galileo, entre otros equipos.

Sin embargo, debido a la amplia demanda que tenía el sector aeronáutico por ser un medio de transporte eficaz, la Organización de Aeronáutica Civil Internacional (OACI), tuvo la iniciativa de realizar planes de acción para actualizar los sistemas aeronáuticos, además de cumplir y mejorar la seguridad operacional. Venezuela logro ingresar en estos planes de acción en el siglo XXI, donde el Instituto Nacional de Aeronáutica Civil (INAC) firmó un convenio con la Dirección de Cooperación Técnica de la OACI.

Como consecuencia, Se diseñó un programa integral para elevar de manera contundente los niveles de Seguridad Operacional en Venezuela, el cual incluyó la actualización aeronáutica en veinte proyectos con alcances y presupuestos específicos para modernizar cada una de las áreas involucradas. Uno de estos proyectos fue el Proyecto de Modernización de Aeropuertos y Gestión del Tránsito Aéreo (MAGTA), el cual se convirtió en el proyecto más grande ejecutado por la Dirección de Cooperación Técnica de la Organización de Aeronáutica Civil Internacional (OACI).

En el desarrollo del área de telecomunicaciones aeronáuticas en Venezuela, se impulsó una búsqueda del desarrollo y eficiencia en el personal aeronáutico especializado en dicha área. Como resultado, se creó el Instituto Universitario de Aeronáutica Civil, un espacio educativo diseñado para consolidar los conocimientos en el área de las telecomunicaciones aeronáuticas y lograr una mejor formación del personal aeronáutico que trabaja en el país. Esto es coherente con el programa de inversión mencionado anteriormente y con el compromiso de Venezuela con la mejora de la seguridad operacional en la aviación.

Instituto Universitario de Aeronáutica Civil May (Av.) ''Miguel Rodríguez''

El 18 de septiembre de 2001 y mediante el decreto nro. 1466 con Fuerza de Ley de Aviación Civil fue creado el Instituto Nacional de Aviación Civil (INAC), dependiendo el Centro de Instrucción de Aeronáutica Civil (CIAC) directamente del INAC; marcando las pautas y regulaciones para el adiestramiento y preparación del personal técnico que labora en los servicios relacionados con la Navegación Aérea.

Para el año 2003 con el apoyo del Gral. Giuseppe Gioffreda, presidente del INAC en esa época, se inician las conversaciones sostenidas con los entes involucrados a fin de elevar el nivel académico del personal Técnico Aeronáutico, en concordancia con las exigencias y responsabilidades del recurso humano que labora en las operaciones y estaciones aéreas. Para el logro de este objetivo se propone la creación del Instituto Universitario de Aeronáutica Civil. (IUAC).

El jueves 24 de mayo del 2008, durante el Acto "Universidades Autónomas Rumbo al Socialismo", el presidente de la República Bolivariana de Venezuela, Hugo Rafael Chávez Frías anunció la creación del Instituto Universitario de la Aeronáutica Civil (IUAC) May. (Av.) "Miguel Rodríguez", para profundizar la formación de profesionales integrales en el área de la Aviación Civil.

El 29 de diciembre del año 2008, según Gaceta Oficial de la República Bolivariana de Venezuela nro. 39.088 se crea la nueva estructura organizativa del INAC, en donde el CIAC pasa a ser un ente prestador de Servicios creándose para ello para la nueva imagen Corporativa del CIAC una vez salida en Gaceta la Resolución del Instituto Universitario de Aeronáutica Civil (IUAC).

El Consejo Nacional de Universidades en su sesión ordinaria del 05 de marzo de 2009 de conformidad con lo previsto en el parágrafo único del artículo 10 de la Ley de Universidades y el artículo 5 del Reglamento de Institutos y Colegios Universitarios, aprueba la creación del Instituto Universitario de Aeronáutica Civil "May. (Av.) Miguel Rodríguez"

Mediante Resolución No. 3.581 publicada en Gaceta Oficial de la República Bolivariana de Venezuela No. 39.135 de fecha 10 de marzo de 2009, dictada por el Presidente de la República Bolivariana de Venezuela, Hugo Chávez Frías, el IUAC se erige como una institución de educación superior pilar de la Misión Alma Mater, como una alternativa al sistema educativo tradicional, al tiempo que da un vuelco hacia la profesionalización de los trabajadores de la aeronáutica civil venezolana.

Dimensiones y Potencialidades

La activación del laboratorio es una oportunidad valiosa para los estudiantes del Instituto Universitario de Aeronáutica Civil (IUAC), especialmente para aquellos que estudian Ingeniería Aeronáutica Civil mención Electrónica para la Seguridad del Tránsito Aéreo (ETA), ya que les permitirá reforzar sus conocimientos en el área de las telecomunicaciones aeronáuticas, la cual es esencial en los servicios de navegación aérea. Por ende, la activación del laboratorio ofrecerá un refuerzo importante en la teoría impartida en las materias relacionadas con las telecomunicaciones aeronáuticas durante el desarrollo del plan de estudios.

Es importante destacar que, gracias a las prácticas posibles de realizar en el laboratorio con los equipos disponibles, los estudiantes podrán dominar técnicas, procedimientos y actividades como los enlaces de microondas, los diferentes tipos de propagación de ondas, la clasificación de las diferentes señales para las comunicaciones y los enlaces satelitales, entre otras, que son esenciales para asumir las responsabilidades pertinentes en los servicios.

Por lo tanto, fortalecer el conocimiento de los estudiantes representa un cambio significativo en su desenvolvimiento como profesionales en un futuro en los Servicios de la Navegación Aérea, al implementar clases con actividades prácticas, se sentirán con más seguridad al momento de realizar sus respectivas funciones como profesionales producto de la experiencia formativa previa.

Diagnóstico Integral

Herramientas y criterios para la priorización de problemas

PROPUESTA PARA LA ACTIVACIÓN del Laboratorio de Telecomunicaciones en el IUAC:

1. Descripción del laboratorio de telecomunicaciones: El laboratorio de telecomunicaciones será un espacio equipado con las herramientas y equipos necesarios para llevar a cabo actividades prácticas relacionadas con las telecomunicaciones aeronáuticas. Contará con tecnología de vanguardia y se utilizará como complemento a las habilidades teóricas ya adquiridas por los estudiantes de Ingeniería Electrónica para la Seguridad del Tránsito Aéreo (ETA) en el IUAC.

2. Objetivos: Proporcionar a los estudiantes la oportunidad de aplicar los conocimientos teóricos adquiridos en un entorno práctico y realista relacionado con las telecomunicaciones aeronáuticas.

Desarrollar habilidades prácticas en los futuros ingenieros para que puedan realizar tareas de mantenimiento, reparación y configuración de sistemas de radiocomunicaciones y telecomunicaciones aeronáuticas de acuerdo con las normativas nacionales e internacionales.

Mejorar la preparación académica y práctica de los estudiantes, garantizando un desempeño óptimo en los servicios una vez que se gradúen.

3. Recursos necesarios: Equipos de laboratorio, como transmisores, receptores, antenas, equipos de medición, sistemas de comunicación, entre otros.

Infraestructura adecuada para el laboratorio, incluyendo el espacio físico, mobiliario y conexiones eléctricas necesarias.

Software especializado para el análisis y simulación de sistemas de telecomunicaciones aeronáuticas.

Personal capacitado para la supervisión y orientación de los estudiantes en el uso de los equipos y la realización de las prácticas.

4. Beneficios: Mejora en la calidad de la formación de los estudiantes, al brindarles una experiencia práctica relevante para su futuro desempeño profesional.

Mayor preparación de los futuros ingenieros en el campo de las telecomunicaciones aeronáuticas, lo que contribuirá a la independencia tecnológica y a la soberanía en este ámbito.

Fortalecimiento de la reputación y prestigio del IUAC al contar con un laboratorio de telecomunicaciones bien equipado y actualizado.

Posibilidad de establecer alianzas y colaboraciones con instituciones y empresas del sector aeroespacial y de telecomunicaciones.

5. Plan de implementación: Presentar esta propuesta a los directivos del IUAC, resaltando los beneficios y la relevancia de contar con un laboratorio de telecomunicaciones.

Detallar el presupuesto requerido y buscar fuentes de financiamiento, tanto internas como externas, para cubrir los costos de equipamiento y adecuación del laboratorio.

Establecer un plan de capacitación para el personal encargado del laboratorio, garantizando que cuenten con los conocimientos necesarios para brindar una adecuada supervisión y guía a los estudiantes.

Realizar una evaluación continua del laboratorio y sus actividades para asegurar su funcionamiento óptimo y realizar mejoras según

Vinculación del problema seleccionado con el plan de la patria 2019-2025

Ahora bien, tomando como referencia lo contemplado en el plan de la patria 2019-2025, tenemos que tomar en cuenta las herramientas y criterios para la priorización de problemas, es preciso seguir determinados objetivos de este, pues estos se encuentran enfocados en el área con la cual se desea trabajar en este proyecto, es decir, el sector educativo, ya que este sería el beneficiado del desarrollo del trabajo de grado.

En el Objetivo Histórico N°1 del Plan de la Patria 2019 – 2025, específicamente el Objetivo 1.6, está estipulado "Desarrollar las capacidades científico-tecnológicas que hagan viable, potencien y blinden la protección y atención de las necesidades del pueblo y el desarrollo del país potencia". Por lo tanto, el estado busca fomentar la ciencia y la tecnología para el desarrollo del país.

Ahora bien, se puede apreciar en el Objetivo Histórico N°2, una gran orientación en el sector educativo, ya que el mismo se menciona la incorporación de nuevas tecnologías para el beneficio de los estudiantes.

Adicionalmente se tiene como referencia en la sección 3.2.7.1.3. Ampliar y/o mejorar la prestación de servicios de tecnologías de la información y servicios postales (TISP) en los sectores estratégicos del Estado, se ve la necesidad de que la activación de laboratorio de telecomunicaciones en el Instituto Universitario de Aeronáutica Civil sea materializada, debido a que permitirá fortalecer la educación del futuro personal aeronáutico en el área de Ingenieros en Electrónica para la seguridad del Tránsito Aéreo.

ÁRBOL DEL PROBLEMA

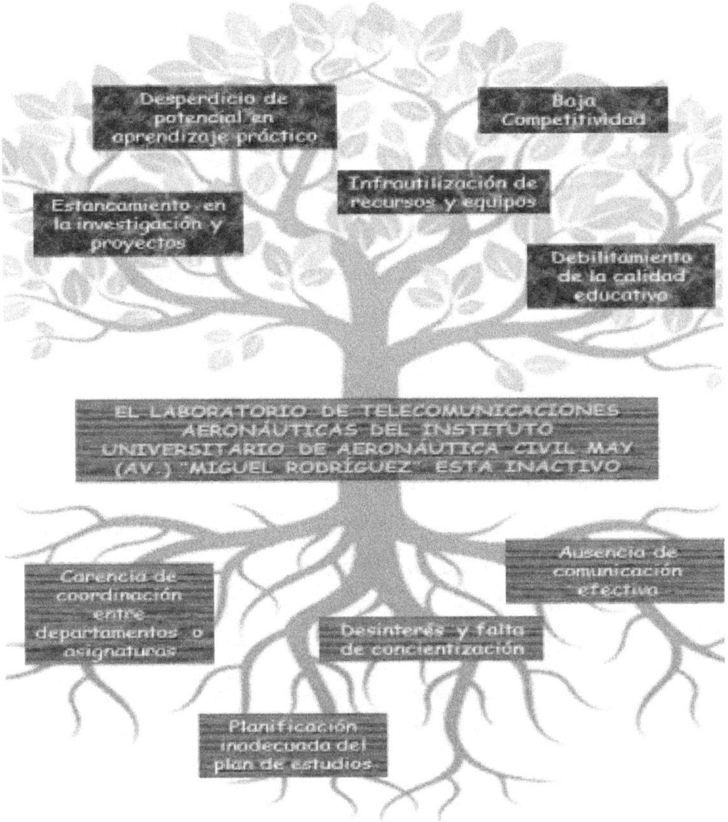

FASE II: CONTEXTUALIZACIÓN DEL PROBLEMA

Planteamiento del problema

EN LA ACTUALIDAD, LAS telecomunicaciones se han convertido en una herramienta esencial en la vida cotidiana de las personas, ya que facilitan la transmisión de información de manera rápida y efectiva a largas distancias, utilizando medios como las redes inalámbricas, la telefonía celular y el internet. Estas nuevas tecnologías del área de la comunicación han permitido integrar la información con mayor eficiencia y cambiar el mundo en el que vivimos.

En el ámbito de la aeronáutica, las telecomunicaciones son fundamentales, ya que proporcionan información crucial a la navegación aérea, tanto sobre la trayectoria de las aeronaves como las comunicaciones que se llevan a cabo entre los operadores en tierra. Estas comunicaciones son vitales para garantizar la seguridad, regularidad y eficacia de las operaciones que se realizan en la aeronáutica civil. Además, el servicio de telecomunicaciones se relaciona con el intercambio de mensajes de seguridad y regularidad aeronáutica, como el control del tránsito aéreo, información meteorológica, mantenimiento de equipos y sistemas dentro del aeródromo, entre otros aspectos importantes.

Por su parte, el desarrollo teórico-práctico se concibe como un elemento fundamental para la formación profesional, ya que, las prácticas ayudan a reforzar y mejorar el aprendizaje en ramas específicas como enlaces de microondas, enlaces satelitales, interacción de enlaces de radio y comunicaciones unificadas.

El Instituto Universitario de Aeronáutica Civil (IUAC), es el ente encargado de formar profesionales aeronáuticos en sus distintas áreas, para promover el progreso de la Aeronáutica Civil, la independencia tecnológica y la soberanía, como es el caso de los Ingenieros en Electrónica para la Seguridad del Tránsito Aéreo (ETA), quienes serán responsables de construir y desarrollar planes generales de mantenimiento preventivo, correctivo como también restaurativo a los Sistemas de Radiocomunicaciones y Telecomunicaciones Aeronáuticas, siguiendo las normativas Nacionales e Internaciones, adquiriendo una preparación académica y práctica.

En la casa de estudio IUAC se desempeñan habilidades teóricas en el campo de las telecomunicaciones aeronáuticas de los futuros Ingenieros, más sin embargo no se realizan actividades prácticas, si los técnicos carecen del área práctica, pueden llegar a no tener un desempeño óptimo en los servicios al momento de egresar, debido a que se encuentra el departamento de microondas, donde se manejan diversos conocimientos en campo de las telecomunicaciones. Dejando la siguiente interrogante: *¿Es viable la habilitación del laboratorio de telecomunicaciones en el Instituto Universitario de Aeronáutica Civil May. (AV) Miguel Rodríguez?*

Objetivos de la investigación

Objetivo general

Generar una propuesta para la activación del laboratorio de telecomunicaciones en el Instituto Universitario de Aeronáutica Civil (IUAC).

Objetivos específicos

⬥ Realizar un diagnóstico de los equipos que se encuentran en el laboratorio telecomunicaciones para su activación.

- Evaluar el área del laboratorio de telecomunicaciones, para su puesta en marcha, permitiendo tener un espacio acorde a las normativas que regulan la institución.
- Presentar la propuesta para la activación del laboratorio de telecomunicaciones en el IUAC.

Justificación de la investigación

EL INSTITUTO UNIVERSITARIO de Aeronáutica Civil (IUAC) es responsable de formar al personal aeronáutico del país, incluyendo a los Ingenieros en Electrónica para la seguridad del tráfico aéreo. Estos profesionales necesitan reforzar sus conocimientos en el manejo de equipos de radiocomunicaciones y telecomunicaciones aeronáuticas a través de la práctica, para asegurar un desempeño óptimo en su campo de trabajo. Por lo tanto, el objetivo del proyecto es mejorar el rendimiento de los estudiantes en el área de telecomunicaciones, brindándoles la oportunidad de aprender de manera práctica a través del Laboratorio de Telecomunicaciones. Esto les permitirá familiarizarse con los equipos de comunicaciones que tendrán que manejar en el futuro y desarrollar habilidades prácticas que mejorarán aún más su formación como futuros ingenieros ETA.

La gestión del conocimiento es clave en la operativa de la aeronáutica civil y se presenta como el enfoque de abordaje de la línea de investigación en este estudio. La gestión del conocimiento implica planificar, coordinar y controlar los flujos de entendimiento que se producen en el área de estudio para los estudiantes con relación a sus actividades y entorno. Es importante destacar que los profesionales ETA tienen la responsabilidad de elaborar y desarrollar planes generales de mantenimiento preventivo, correctivo y restaurativo para los Sistemas de Radiocomunicaciones y Telecomunicaciones Aeronáuticas en los Servicios a la Navegación Aérea. Por lo tanto, el Laboratorio de Telecomunicaciones es esencial para brindar a los estudiantes la experiencia práctica necesaria para enfrentar los desafíos que enfrentarán en su carrera profesional.

Alcances

EN LA PRESENTE INVESTIGACIÓN se anhela alcanzar que las autoridades de la institución asuman la importancia de contar con un laboratorio de telecomunicaciones para que los estudiantes de la mención ETA tengan la oportunidad de aprender y aplicar los conceptos teóricos que se enseñan en las clases. Además, puedan obtener experiencia práctica en la realización de experimentos y proyectos de telecomunicaciones, lo que les permitirá desarrollar habilidades y conocimientos en esta área.

Estructura y organización de las acciones a seguir

Estructura y Organización de las Acciones Para Seguir:

Acción 1: Realizar un diagnóstico de los equipos en el laboratorio de telecomunicaciones:

- Responsable: Equipo técnico designado.

- Descripción: Realizar un inventario y evaluación exhaustiva de los equipos existentes en el laboratorio de telecomunicaciones para determinar su estado, funcionamiento y requerimientos de actualización o mantenimiento.

Acción 2: Evaluar el área del laboratorio de telecomunicaciones:

- Responsable: Equipo de evaluación designado.

- Descripción: Realizar una evaluación detallada del área física del laboratorio de telecomunicaciones para asegurarse de que cumple con las normativas y requisitos establecidos por la institución. Identificar posibles mejoras o modificaciones necesarias para adecuar el espacio a las necesidades del laboratorio.

Acción 3: Presentar la propuesta para la activación del laboratorio de telecomunicaciones:

- Responsable: Equipo encargado de la elaboración de la propuesta.

- Descripción: Elaborar una propuesta formal que incluya todos los aspectos relevantes para la activación del laboratorio de telecomunicaciones. Presentarla al directivo del instituto para su revisión y aprobación. La propuesta debe abarcar los objetivos, los recursos necesarios, el cronograma de implementación y los beneficios esperados.

Acción 4: Obtener la aprobación del proyecto:

- Responsable: Directivo del instituto.

- Descripción: Evaluar la propuesta presentada y tomar la decisión final sobre la activación de la labor.

FASE III: MARCO TEÓRICO REFERENCIAL

Antecedentes

EN PRIMER LUGAR, ES importante conocer otras investigaciones similares para tener en cuenta los estudios y conclusiones que contienen estos documentos., como bien señala Orozco, J. (2018), "Las bondades de los antecedentes de una investigación nos permiten conocer el estado de conocimiento que se tiene sobre nuestro tema de investigación, y a partir de las mismas conducirnos o encaminarnos hacia el área en la que queremos investigar." Teniendo esto en cuenta, es necesario diseñar estudios e investigaciones previas que se correlacionen con esta investigación, con el objetivo de conectar la idea principal de la investigación y fomentar el flujo de ideas.

Internacionales

VICENTE, ALONSO Y FERNÁNDEZ (1996) de la universidad del País Vasco / Euskal Herriko Unibertsitatea en su trabajo de investigación titulado laboratorio de entrenamiento electrónico controlado por microprocesador proponen el empleo de un laboratorio para el desarrollo de actividades prácticas de las asignaturas afines a la electrónica. En tal sentido, exponen la intención de impartir sólidos conocimientos teóricos que sean proyectados hacia la puesta en práctica de manera que la eficiencia de la formación y enseñanza se incrementa, así como también la optimización del tiempo para el desarrollo de la materia determinada.

Rivera, J. y León, J. (2013) de la universidad Santo Tomás Bogotá D.C., con su trabajo titulado diseño e implementación de un laboratorio de comunicaciones unificadas para la facultad de ingeniería de telecomunicaciones, bajo el diseño de investigación de campo se presentó e implementó un laboratorio de telecomunicaciones unificadas (CU) en el cual se muestra de forma detallada el funcionamiento de los equipos (CU), dándole así al estudiante herramientas fundamentales para la comprensión de su funcionamiento y de este modo, poner en práctica estos conocimientos a través de las prácticas de laboratorio.

De esta manera, a través de la implementación de dicho laboratorio (CU) se presentan guías de laboratorio de forma didáctica y de fácil entendimiento, lo cual le permite al estudiante generar competencias para el manejo de los diferentes servicios de los equipos de laboratorio de telecomunicaciones unificadas.

Ruíz, F., Fernández, D., García, A., Muñoz, F., Bellido, L. y Moreno, J. (2014) de la Universidad Politécnica de Madrid en su trabajo titulado implantación de un laboratorio docente para redes de telecomunicaciones, en su trabajo se describe la implantación de un laboratorio docente para redes de telecomunicaciones en el ámbito de docencia en redes de comunicaciones, tanto en asignaturas de grado como para formación de postgrado. Asimismo, es destacable el aspecto de las prácticas de simulación, ya que, desde un punto de vista genérico, las prácticas de simulación se representan un complemento de gran importancia sobre las prácticas con equipos, proporcionando al alumno la oportunidad de experimentar tanto con escenarios de red como con diferentes tecnologías, así como también, la formación eficiente y sólida de conocimientos necesarios para el desempeño de responsabilidades operacionales.

Es importante señalar que, aunque las investigaciones anteriores desarrollan elementos de las telecomunicaciones que no se involucran directamente con la aeronáutica civil en niveles de operación o formación académica, abordan la necesidad que se presenta a nivel de estudios por los avances exponenciales que las telecomunicaciones han presentado en los últimos años, donde la creciente demanda del personal capacitado en las nuevas tecnologías se evidencia y condiciona a la adaptación y evolución de las habilidades profesionales requeridas.

Fundamentación Teórica

ARIAS (2012) AFIRMA que "Las bases teóricas implican un desarrollo amplio de los conceptos y proposiciones que conforman el punto de vista o enfoque adoptado, para sustentar o explicar el problema planteado". En este sentido, las bases teóricas suministran al investigador un apoyo inicial dentro del conocimiento del objeto de estudio a través de un análisis de las principales teorías que explican el tema de investigación.

Telecomunicaciones

EN PRIMERA INSTANCIA, las telecomunicaciones se conciben como la transmisión, emisión o recepción a distancia de un mensaje, haciendo uso de signos, señales, escritos, imágenes, sonidos, datos o información de cualquier naturaleza realizada por el hombre, como radioelectricidad, medios ópticos u otros sistemas electromagnéticos. Dentro de este marco, el término proviene del griego "tele", que significa "distancia", "lejos" o "comunicación a distancia". Así pues, el término telecomunicaciones abarca todas las modalidades de comunicación a distancia, incluyendo los medios de radio, telegrafía, televisión, transmisión de datos e interconexión de computadores.

A partir de las apreciaciones anteriores, se da relevancia a los elementos que conforman las telecomunicaciones, los cuales, de forma estructurada, presentan un sistema que permite establecer una comunicación a través de un medio en específico, siendo denominado, sistema de comunicación o transmisión. Dentro de la misma línea, los elementos que conforman a dicho sistema constan principalmente de, el transmisor como elemento encargado de codificar y emitir el mensaje, el receptor cumpliendo la función de ser el dispositivo destinado a ser llegado el mensaje extrayendo la información y el medio transmisión como soporte físico por el que se transmite la información, ya sea alámbrico (medio guiado) o inalámbrico (medio no guiado).

Considerando lo anterior, las telecomunicaciones precisan de sistemas de comunicaciones efectivos que estén en capacidad de satisfacer las necesidades o requerimientos operacionales en la industria aplicada, por lo que se proyectan desde tres aspectos esenciales, siendo estos la entrega de la información con garantía de seguridad en la recepción del mensaje por los destinatarios seleccionados, seguido de la exactitud al momento de entregar la información sin modificaciones ni alteraciones o según sea el caso, pudiendo recuperarse a través de códigos detectores y correctores de error u otras técnicas, en última instancia, el aspecto de la puntualidad que marca la pauta en el deber de entregar la información en el intervalo de tiempo previsto para ello.

Medios de Transmisión

DENTRO DE ESTE MARCO, el medio de transmisión de la información define el canal que permite la transferencia de información entre terminales de un sistema determinado, así pues, en la aeronáutica se presenta el aprovechamiento de transmisión de la información de forma alámbrico (medio guiado) o inalámbrico (medio no guiado), tomando en cuenta en todo momento, los elementos atenuantes, adición de ruido, distorsión o retardo de la señal que contiene la información. Así pues, es seleccionado un medio de transmisión de manera concreta luego de un previo estudio que permita determinar la factibilidad de uso de un medio u otro en concreto.

Guiados: los medios de transmisión guiados o alámbricos emplean un canal sólido o tangible por el que se transmite la información en forma de variación de una magnitud física, en concordancia, la mayor parte de los medios guiados son cables de distintos metales como el cobre, que, al presentar diferentes configuraciones, permite el empleo de un medio guiado usado para diversas aplicaciones como lo es el par trenzado y el cable coaxial.

Además, entre los medios de transmisión guiados la fibra óptica se destaca como uno de los recursos que mayor fuerza ha tomado en la actualidad por las prestaciones que posee en el tráfico de un mayor volumen de la información a comparación de los medios anteriormente mencionados, ya que este, se aprovecha de un núcleo, generalmente de vidrio o plásticos, para el envío de pulsos de luz, no eléctricos.

No guiados: los medios de transmisión no guiados resaltan los que emplean el espectro electromagnético como soporte para transmitir la información. En el contexto aeronáutico, el aprovechamiento del espectro electromagnético a través de la radiocomunicación y las microondas representan la eficiencia de enlaces entre puntos a grandes distancias que no podrían ser establecidos por medios alámbricos debido a altos costes de instalación o dificultad de acceso por condiciones geográficas.

Bajo este marco, es pertinente señalar la importancia que posee el establecimiento de las telecomunicaciones como una infraestructura básica en el contexto aeronáutico, de manera que se posibilita el enlace entre diversas estaciones operativas, logrando el funcionamiento conjunto de los servicios a través de la información requerida en las operaciones aeronáuticas.

Teoría del electromagnetismo de James Maxwell

AHORA BIEN, LAS TELECOMUNICACIONES se cimientan sobre la teoría del electromagnetismo formulada por el físico escocés James Clerk Maxwell en 1873, ya que, apoyado en los experimentos realizados por Christian Oersted y Michael Faraday estableció la interdependencia de la electricidad y el magnetismo. En su trabajo titulado "Un tratado sobre electricidad y magnetismo" publicó la primera teoría unificada electromagnética en donde presenta que la luz era de naturaleza electromagnética y que además era posible la radiación a otras longitudes de onda.

Previo al trabajo de Maxwell, Christian Oersted demostró que las corrientes eléctricas producían campos magnéticos. Por su parte, Michael Faraday había presentado el proceso inverso, es decir, que un campo magnético podía producir corrientes eléctricas. Sin embargo, fue el escocés James Clerk Maxwell quien unificó los fenómenos eléctricos y magnéticos en una única fuerza, en 1873.

En este sentido, la unificación de Maxwell representó una revolución en la comunidad científica y en la percepción del mundo bajo estos fenómenos físicos, la gran mayoría de las herramientas y dispositivos que se emplean en la actualidad se basan en el electromagnetismo, así como también se encuentra presente en nuestro entorno.

Elementos de las señales electromagnéticas

EN PRIMERA INSTANCIA, es pertinente indicar que las señales constituyen uno de los elementos más importantes dentro de la operatividad que desempeñan las radioayudas en la aviación civil, ya que, partiendo del espectro electromagnético, se posibilita la manipulación de este fenómeno en señales que pueden ser modificadas para el beneficio de la navegación aérea y las comunicaciones aeronáuticas. Así pues, se precisa de estar en dominio de las principales características o elementos que presentan las señales, y cómo estás interactúan con las radioayudas para ofrecer un Servicio a la Navegación Aérea.

Ahora bien, con respecto a la manipulación de las señales, se tienen en consideración los elementos o características que estas poseen, es por ello, que se exponen componentes de la señal como lo son, la longitud de la onda, la amplitud y la frecuencia de onda. El aprovechamiento en conjunto de estos tres elementos principales en la señal, da por resultado, características particulares que permiten describir el tipo de señal empleada, siendo así, por área de cobertura, susceptibilidad a fenómenos meteorológicos o geografía del terreno, capacidad de transmisión de información, entre otros aspectos.

Con respecto a las señales empleadas para enlaces de comunicación se tiene que estas poseen tres elementos adicionales producto de dos señales de radiofrecuencia superpuestas, es decir, una señal modulada en amplitud, dichos elementos son, la portadora, la información y el índice de modulación. En primer lugar, la portadora se describe como el medio que protege y en el cual se transporta la información, así pues, la información son los datos o mensaje para transmitir.

Por su parte, el índice de modulación es la amplitud del mensaje y de la portadora en conjunto, donde, para evitar la distorsión, la profundidad de modulación no debe exceder el 100%.

Equipos ubicados en el laboratorio

-EQUIPO DE ANTENAS DTR-3 de DEGEM: es un conjunto experimental enfocado al aprendizaje de las características de las diferentes antenas. Diseñado para poder realizar la toma de lecturas y trazado de gráficos por el usuario de manera de facilitar el tema de estudio. El manual de funcionamiento ilustra la teoría básica y el glosario de términos de equipos de antena junto con procedimientos experimentales.

Áreas de estudio y experimentación:

- Trazado polar y polarización de distintos tipos de antena.
- Modulación y demodulación de onda.
- Ganancia de una antena.
- Ángulo de radiación de una antena.
- Estudio de radiación de una antena.
- Estudio del elemento de corriente.
- Adaptación de antenas.
- Medición de la relación de onda estacionaria (ROE)
- Radiación de la antena con la distancia.

-Equipo de comunicación satelital DTR-13 de DEGEM: proporciona un estudio en profundidad del sistema básico de comunicación por satélite. Consiste en un transmisor de enlace ascendente, un enlace satelital y un receptor de enlace descendente, que se pueden colocar convenientemente en el laboratorio. El satélite se puede colocar en una posición elevada, si es necesario.

El transpondedor de satélite recibe la señal del transmisor de enlace ascendente y la retransmite en diferentes frecuencias a un receptor de enlace descendente. Las frecuencias de enlace ascendente y descendente son seleccionables y pueden tener una variedad de señales como voz, tono, datos, telemetría (temperatura e intensidad de luz). El manual de funcionamiento ilustra la teoría básica y el glosario de términos de comunicación por satélite junto con experimentos.

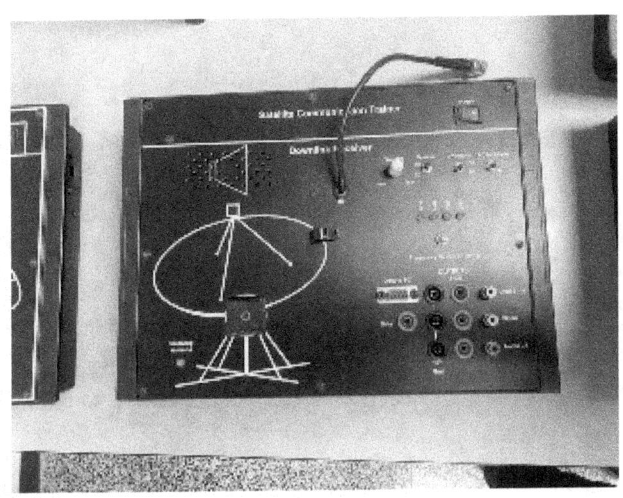

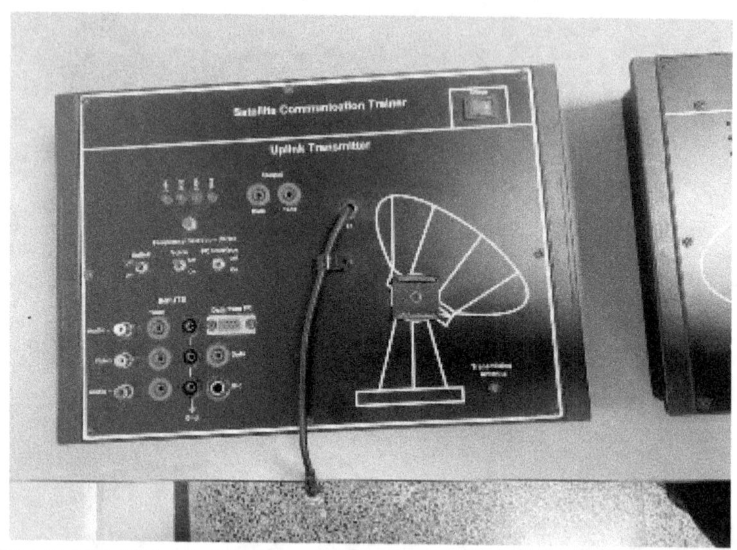

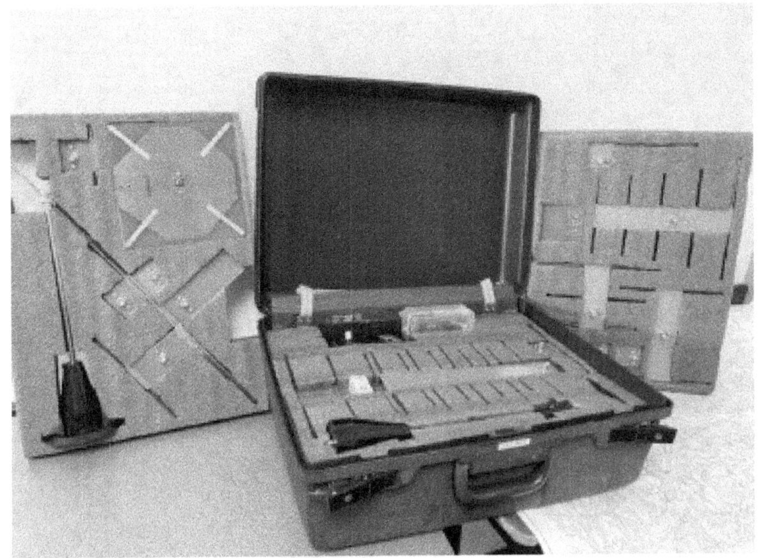

-EQUIPO DE PROPAGACIÓN y onda DTR-14 de DEGEM: es un sistema muy útil para el laboratorio, siendo utilizado como una herramienta de enseñanza y aprendizaje. El equipo se compone de un transmisor y un receptor de longitud de onda de 3cm, a su vez, describe la operación y el mantenimiento de equipo de microondas y también brinda instrucciones detalladas para los experimentos. Los componentes de accesorios son empleados para investigar las propiedades de la onda (reflexión, refracción, polarización, entre otros).

-Equipo analizador de redes PROFI-70: el PROFI-70 es un analizador de redes inalámbricas de área local (WLAN). Este tipo de redes de comunicación experimenta un gran despliegue, debido principalmente a la facilidad de desarrollo y la comodidad en su acceso. Sin embargo, operan en una banda libre, por lo que estas redes requieren un estudio continuo y preciso de cobertura, que incluya tanto el análisis de las interferencias como el control de la seguridad de acceso.

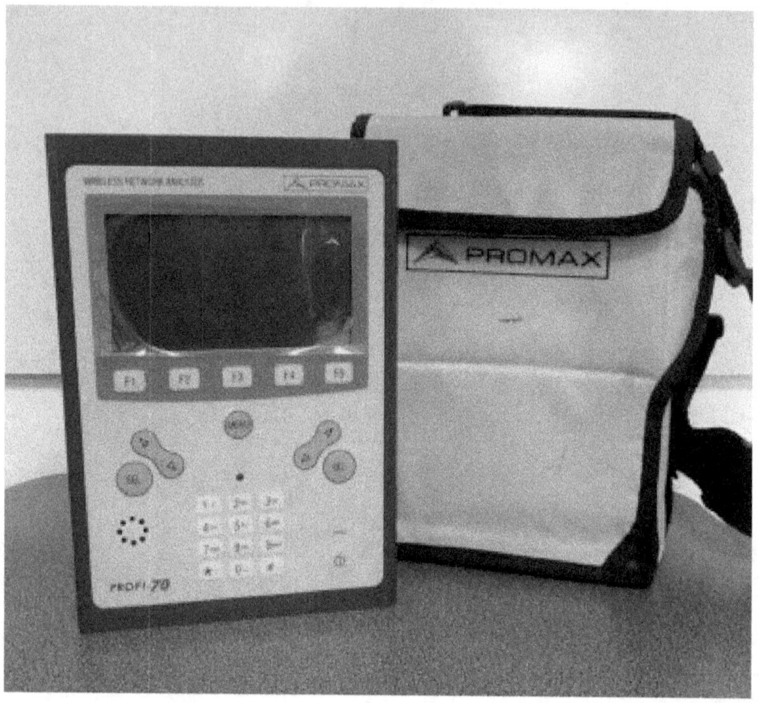

Proporciona una interfaz cómoda y de fácil manipulación al usuario que permite configurar parámetros para la búsqueda, escaneo y análisis de cobertura en una red inalámbrica pudiendo observar los parámetros arrojados con precisión.

-EQUIPO DE TRANSMISIÓN y recepción de microondas

Un equipo de transmisión y recepción de microondas es un conjunto de dispositivos utilizados para la generación, amplificación, modulación, demodulación, transmisión y recepción de señales de microondas. Estos equipos permiten el estudio y desarrollo de tecnologías de comunicación inalámbrica de alta frecuencia, y están equipados con antenas de alta ganancia, filtros y multiplexores, así como instrumentos de medición y análisis para evaluar y caracterizar las señales de microondas. Son fundamentales para investigar y mejorar los sistemas de comunicación inalámbrica en el rango de frecuencia de 1 GHz a 300 GHz.

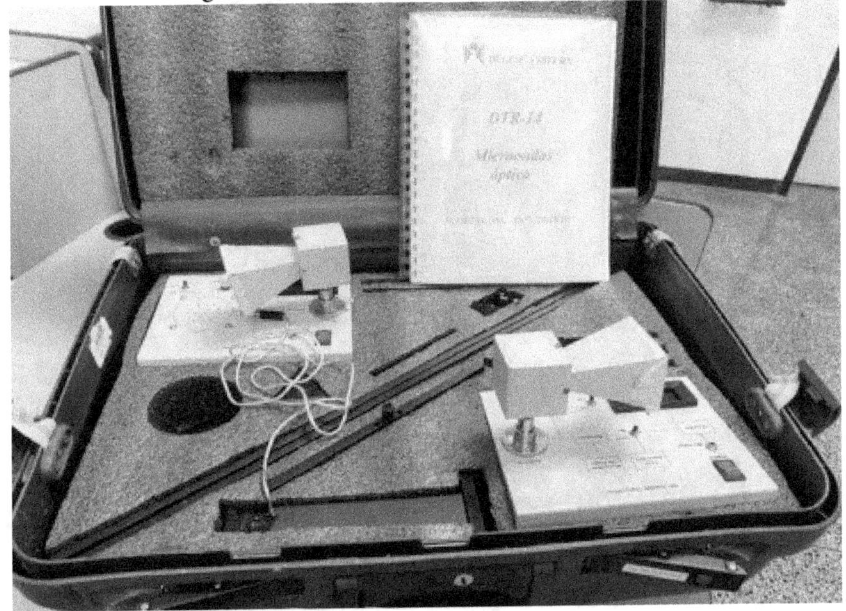

-Equipo de Fibra Óptica

Un equipo de fibra óptica es un conjunto de dispositivos utilizados para transmitir señales a través de cables de fibra óptica. Estos equipos convierten señales eléctricas en señales ópticas, las transmiten a través de fibras ópticas y las convierten nuevamente en señales eléctricas en el receptor. Permiten comunicaciones de alta velocidad y larga distancia con menor pérdida de señal y mayor capacidad de transmisión.

Fundamentación Legal

LA FUNDAMENTACIÓN LEGAL representa el sustento legal de la investigación, tal como lo afirma Andrey Kiligann (2022) " Se trata del conjunto de documentos de naturaleza legal que sirven de testimonio referencial y de soporte a la investigación que se realiza. "; es aquí entonces donde la presente investigación se sostiene en normativas legales. Seguidamente las normativas que sustentan al trabajo de investigación se encuentran en el Convenio de Aviación Civil Internacional de Chicago 1944, Ley de Aeronáutica Civil, las Regulaciones Aeronáuticas Venezolanas, incluyendo la Constitución de la República Bolivariana de Vénezuela y su vinculación con el Plan de la Patria 2019-2025.

La fundamentación legal es el principio donde se apoyan todas las acciones, es el sustento jurídico sobre el cual se puede reclamar un derecho o exigir una obligación.

Convenio de Aviación Civil Internacional de Chicago 1944

EN PRIMERA INSTANCIA, el convenio sobre aviación civil internacional, logrado en 1944, también conocido como el Convenio de Chicago, tuvo como objetivo principal la actualización del Convenio de París de 1919 sobre las normas por las que se regía la aviación civil, en donde participaron representantes de cincuenta y dos estados, los cuales presentaron propuestas para la reforma de un orden del conjunto de normas, debido a las consecuencias que se produjeron en la institución a causa de la Segunda Guerra Mundial. El propósito del Convenio de Chicago se desarrolló para establecer un organismo que mantuviera la continuidad del Convenio de París de 1919. A raíz de estos hechos, se toma como referencia el Capítulo IV del Convenio de Chicago, que establece medidas encaminadas a facilitar la navegación aérea.

Ahora bien, dentro del convenio de chicago (1944) se tiene que el artículo 28, el cual trata sobre Instalaciones y servicios y sistemas normalizados para la navegación aérea, establece que:

CADA ESTADO CONTRATANTE se compromete, en la medida en que lo juzgue factible a:

Proveer en su territorio aeropuertos, servicios de radio, servicios meteorológicos y otras Instalaciones y servicios para la navegación aérea a fin de facilitar la navegación aérea internacional, de acuerdo con las normas y métodos recomendados o establecidos oportunamente en aplicación del presente Convenio.

Adoptar y aplicar los sistemas normalizados apropiados sobre procedimientos de comunicaciones, códigos, balizamiento, señales, iluminación y demás métodos y reglas de operación que se recomienden o establezcan oportunamente en aplicación del presente Convenio.

Colaborar en las medidas internacionales tomadas para asegurar la publicación de mapas y cartas aeronáuticas, de conformidad con las nomas que se recomienden o establezcan oportunamente, en aplicación del presente Convenio.

En virtud del artículo mencionado anteriormente, es de vital importancia que los Estados contratantes ofrezcan un buen funcionamiento de los equipos que hacen vida a los servicios de la navegación aérea, de esta manera se puedan llevar a cabo unas optimas operaciones aéreas tanto nacionales como internacionales, esto se logra con la capacitación del personal que estará encargado de gestionar los equipos utilizados en estos servicios acorde a las normas y métodos establecidos en el presente Convenio.

Constitución de la República Bolivariana de Venezuela (1999)

LA CONSTITUCIÓN DE la República Bolivariana de Venezuela de 1999 es la Carta Magna vigente en Venezuela, la cual fue publicada el 15 de diciembre de 1999 y fue seleccionada a través de un referéndum popular, seguidamente el 15 de febrero de 2009 se le ejecutó la primera enmienda la cual fue promovida por el presidente que se encontraba en el mandato de la República Hugo Chávez Frías.

Primeramente, se tomó como referencia la gaceta oficial número 36.860, Capítulo VI Derechos Culturales y Educativos. Artículo 102. La educación es un derecho humano un deber social fundamental, es democrática, gratuita y obligatoria. El Estado la asumirá como función indeclinable y de máximo interés en todos sus niveles y modalidades. Como instrumento del conocimiento científico, humanístico y tecnológico servicio de la sociedad.

El artículo desarrollado anteriormente tiene relación con el proyecto de la activación del laboratorio de telecomunicaciones, debido a que los ciudadanos deben tener una amplia formación y preparación académica, además, los futuros Ingenieros en Electrónica para la seguridad del tránsito aéreo deben contar con una formación académica que tenga las herramientas necesarias para promover el conocimiento de las nuevas tecnologías y los sistemas de comunicación utilizados en el sector aeronáutico.

Seguidamente se tomó como referencia de la constitución capítulo IV. De los Derechos Culturales y Educativos en donde se tomó el siguiente artículo:

Artículo 108: Los medios de comunicación social, públicos y privados, deben contribuir a la formación ciudadana. El Estado garantizará servicios públicos de radio, televisión y redes de bibliotecas y de informática, con el fin de permitir el acceso universal a la información. Los centros educativos deben incorporar el conocimiento y aplicación de las nuevas tecnologías, de sus innovaciones, según los requisitos que establezca la ley.

CON FUNDAMENTO EN EL artículo 108 de la CRBV, se establece que el Estado debe garantizar el acceso a la información mediante los servicios de los medios de comunicación a la población, así como los centros educativos deben estar actualizados con las nuevas tecnologías y por ende contar con innovaciones en los sistemas que se utilizan en las diferentes áreas de la formación de los estudiantes para lograr que sean capaces de adaptarse rápidamente a las nuevas tecnologías que emergen, con el fin de promover el desarrollo en el campo tecnológico del Estado. Continuando el mismo orden de ideas se tomó el siguiente artículo:

Artículo 110: El Estado reconocerá el interés público de la ciencia, la tecnología, el conocimiento, la innovación y sus aplicaciones y los servicios de información necesarios por ser instrumentos fundamentales para el desarrollo económico, social y político del país, así como para la seguridad y soberanía nacional. Para el fomento y desarrollo de actividades, el Estado destinara recursos suficientes y creara el sistema nacional de ciencia y tecnología de acuerdo con la ley.

Partiendo del artículo 110 de la carta magna la cual establece promover el conocimiento y la innovación de los ciudadanos en el área de tecnología con diversos instrumentos con el fin de obtener una noción de las nuevas ciencias aplicadas, de esta manera se puedan llevar a cabo la implicación de nuevas tecnologías que formaran parte en el desarrollo de los venezolanos, del mismo modo este artículo está vinculado en la activación del laboratorio de telecomunicaciones debido a que al promover nuevas tecnologías se desarrollan nuevos conocimientos en el área de los sistemas de comunicaciones.

Ley de Aeronáutica Civil

LA LEY DE AERONÁUTICA civil (LAC) es el conjunto de actividades relativas al transporte aéreo, la navegación aérea y otras vinculadas con el empleo de las aeronaves civiles donde practiquen su jurisdicción en la República Bolivariana de Venezuela, por ende, a dichas aeronaves del Estado se les aplicará la LAC, sólo cuando disposiciones previstas en ella, sean las determinantes. Dentro de la última reforma, la cual fue publicada el 17 de marzo del 2009 se encuentra el siguiente artículo, establecido en el Capítulo VII De la Plataforma Tecnológica, el cual se define:

Artículo 84: La autoridad aeronáutica regulara el uso de nuevas tecnologías que favorecen armónicamente a la aeronáutica venezolana y que estén relacionados con el surgimiento de las tendencias mundiales para optimizar el desarrollo seguro, ordenado y eficiente de la aviación. El estado promoverá el establecimiento de nuevas tecnologías y la adecuación de las existentes para alcanzar una organizaciones e industrias de mantenimiento aeronáutico altamente competitivos, en el ámbito nacional e internacional y tendrán los incentivos y estímulos que determinen el ordenamiento jurídico.

En base a este artículo, es de vital importancia la participación de la Autoridad Aeronáutica en el desarrollo y regulación de nuevas tecnologías que beneficien e impulsen a la aeronáutica venezolana en cuanto a tendencias internacionales, optimizando el desarrollo seguro, ordenado y eficiente de las operaciones. En consecuencia, el Estado ha realizado la inversión con el fin de adquirir equipos para el laboratorio de sistemas de comunicaciones en el Instituto Universitario de Aeronáutica Civil (IUAC) y así poder garantizar una formación de profesionales preparados académicamente, acorde a las necesidades actuales en los diversos aeropuertos del país. Afianzando su compromiso Educativo al Servicio de la Aeronáutica.

Regulación Aeronáutica Venezolana (RAV) 265 Telecomunicaciones aeronáuticas

LAS REGULACIONES AERONÁUTICAS Venezolanas (RAV) son un conjunto de normas, las cuales se encuentran conformados por reglas, requisitos, métodos y procedimientos que se deben seguir en el ámbito técnico operacional, las RAV son emitidas por la Autoridad Aeronáutica Nacional Venezolana (Instituto Nacional de Aeronáutica Civil) a través de una Providencia Administrativa, las cuales son de cumplimiento obligatorio para la comunidad aeronáutica en general.

La regulación aeronáutica venezolana (RAV) 265 está dirigida a las operaciones de los Servicios de Telecomunicaciones Aeronáuticas, los cuales están establecidos en la Ley de Aeronáutica Civil, en virtud del cumplimiento y del ordenamiento jurídico vigente, así como de las disposiciones y recomendaciones adoptadas por el país, siendo este un Estado contratante de la Organización de Aviación Civil Internacional, las cuales están orientadas a la correcta prestación de dicho servicio.

Ahora bien, dentro de la RAV 265 en la sección 265.4 en las disposiciones administrativas, en el apartado D denominado Supervisión tenemos que:

El Instituto Nacional de Aeronáutica Civil en coordinación con los Servicios a la Navegación Aérea (SNA), a través del Área de Trabajo de Telecomunicaciones Aeronáuticas, debe:

> Garantizar que el Servicio de Telecomunicaciones Aeronáuticas se preste de acuerdo con lo dispuesto en los procedimientos establecidos en la presente Regulación. De igual forma debe intercambiar información con las diferentes dependencias aeronáuticas, respecto al funcionamiento de los sistemas de comunicaciones, operaciones, radionavegación, mantenimiento y fenómenos no comunes que afecten las transmisiones en el servicio.

En relación de lo anteriormente expuesto, se evidencia la responsabilidad que tiene el Ingeniero en Electrónica para la Seguridad del Tránsito Aéreo en cuanto al cumplimiento de las normas y métodos recomendados, con el fin de proporcionar un servicio que obedece a lo establecido en las procedimientos nacionales e internacionales en materia de seguridad, ordenanza y eficiencia de las operaciones aeronáuticas en un marco legal.

Además, un elemento imprescindible como lo es la interrelación que posee el área de Telecomunicaciones Aeronáuticas con las diferentes dependencias aeronáuticas con el objetivo de garantizar niveles óptimos de funcionamiento y actividades de mantenimiento de los equipos y sistemas de comunicaciones para la navegación aérea en el contexto civil.

Definición de Términos Básicos

ANTENA: DISPOSITIVO conductor metálico que permite la emisión y recepción de ondas electromagnéticas.

Comunicaciones unificadas: Conjunto de herramientas de comunicación, como llamadas telefónicas, correo electrónico y conferencias web, que posibilitan la colaboración digital e interacción entre usuarios.

Enlace de radio: Sistema de conexión que utiliza ondas electromagnéticas para la transmisión de datos entre dos o más terminales (antenas).

Enlaces de microondas: Conexión entre dos puntos fijos mediante la propagación de ondas electromagnéticas en el espacio libre, que permite establecer comunicación.

Espectro electromagnético: Conjunto de todas las longitudes de onda de las radiaciones electromagnéticas.

GPS: Sistema de Posicionamiento Global que, mediante la recepción de señales emitidas por una red de satélites, permite conocer la posición de cualquier objeto o persona en toda la tierra.

Laboratorio de telecomunicaciones: Espacio académico especializado en áreas como comunicaciones ópticas, telecomunicaciones digitales, radiocomunicaciones, comunicaciones móviles y microondas.

Ondas de Radio: Tipo de radiación electromagnética que se encuentra en el espectro electromagnético y cuya frecuencia va desde 0 hasta 300 gigahercios.

Radiocomunicaciones: Forma de telecomunicación que se realiza a través de ondas de radio u ondas hertzianas, caracterizada por el movimiento de los campos eléctricos y magnéticos.

Red de telecomunicación: Conjunto de medios, tecnologías, protocolos y facilidades necesarios para el intercambio de información y archivos entre los usuarios de una red.

Satélite artificial: Objeto puesto en órbita para enviar y recibir comunicaciones, como telefonía, televisión o Internet, y para prestar servicios educativos, militares y científicos.

Telecomunicaciones digitales: Sistema en el que la energía electromagnética se transmite y recibe en forma digital.

Operacionalización de variables

LAS VARIABLES DEL PROYECTO parten de la proyección de un plan de acción con la finalidad de lograr el objetivo del proyecto, según Eudaldo C. (2018) define a la variable de investigación como:

> Una variable es alguna propiedad que se asigna a los fenómenos o eventos de la realidad, susceptible de asumir dos o más valores, es decir, una variable es tal siempre y cuando sea capaz de variar. Una variable que no varía no es variable, es constante.

Por lo tanto, en la investigación se entiende que las variables representan diferentes resultados y características que pueden estar presentes o no en cada caso dentro del universo de estudio. Las variables tienen un papel importante en la investigación, ya que permiten analizar la distribución de una población, formular relaciones descriptivas y explicativas de la población examinada, y también revelar su comportamiento. En este caso, las variables utilizadas en la investigación se encargan de medir la funcionalidad de los equipos, evaluar la calidad del área de las instalaciones del laboratorio y, en su caso, determinar si es posible realizar la activación del laboratorio.

Cuadro 1. Operacionalización de las variables

Objetivo General: Generar una propuesta para la activación del laborato
de telecomunicaciones en el Instituto Universitario de Aeronáutica C
(IUAC).

Objetivos Específicos	Variable	Indicador	Ít
1-Realizar un diagnóstico de los equipos que se encuentran en el laboratorio de telecomunicaciones para su activación.	Funcionalidad del equipo	-Estado del equipo.	1 2
2-Evaluar el área del laboratorio de telecomunicaciones, para su puesta en marcha, permitiendo tener un espacio acorde a las normativas que regulan la institución.	Instalaciones del Laboratorio (A/C, Mesas, Sillas, Pizarrón, Escritorio, Estantes)	-Condición de las instalaciones.	3 4

3- Presentar la propuesta para la activación del laboratorio de telecomunicaciones en el IUAC.	Laboratorio de telecomunicaciones	-Activación.	5 6

FUENTE: Sección U Ingeniería Electrónica para la seguridad del tránsito aéreo.

FASE IV: ASPECTOS METODOLÓGICOS

Tipo de investigación

EXISTEN DIFERENTES criterios de clasificación de los tipos de investigación, según distintos autores. Entre ellos, se pueden destacar los siguientes: por la finalidad o propósito de la investigación, por la naturaleza del medio utilizado para recopilar los datos, por el nivel de conocimiento adquirido, debido a la índole de la información requerida para responder al problema de investigación, según el campo de estudio del conocimiento, en función del método utilizado y según la evolución del fenómeno investigado.

La categorización de los tipos de investigación es crucial, ya que de ella depende la estrategia, modalidad y diseño de la investigación. En este caso, los propósitos de la investigación son de tipo aplicada, puesto que se busca determinar la viabilidad de establecer un laboratorio de telecomunicaciones aeronáuticas en el Instituto Universitario de Aeronáutica Civil May (Av.) "Miguel Rodríguez".

Diseño de la investigación

El diseño de la investigación es de campo, ya que se llevó a cabo en el entorno natural o en la vida real donde ocurre el fenómeno estudiado y los investigadores estuvieron directamente involucrados en el área de estudio, que en este caso fue el laboratorio de telecomunicaciones, interactuando con los equipos y las instalaciones. Además, se utilizó un enfoque de tipo descriptivo para caracterizar las situaciones relacionadas con el fenómeno estudiado. Según Hernández, Fernández y Baptista (2014):

Los estudios descriptivos buscan especificar las propiedades, las características y los perfiles de personas, grupos, comunidades, procesos, objetos o cualquier otro fenómeno que se somete a un análisis. Es decir, únicamente pretenden medir o recoger información de manera independiente o conjunta sobre los conceptos o las variables a las que se refieren, esto es, su objetivo no es indicar cómo se relacionan estas.

La investigación al ser descriptiva se enfoca en describir las características, comportamientos o fenómenos de una población o muestra determinada. El objetivo principal del trabajo se trata de recolectar datos y organizarlos de manera sistemática para analizarlos y así obtener conclusiones sobre dicha población o muestra. En este caso, el propósito es recolectar información acerca de la población de los encuestados para la obtención de datos acerca de los equipos del laboratorio y conocer su nivel de funcionalidad, así como también hacer una evaluación del estado de las instalaciones del laboratorio de telecomunicaciones aeronáuticas.

Ahora bien, este estudio se enmarcó en una investigación cuantitativa, que según Maxwell (2013) "La investigación cuantitativa es un enfoque riguroso y sistemático para la recolección y análisis de datos numéricos que permite a los investigadores obtener información objetiva y verificable sobre una población o muestra". Ya que es un estudio con enfoque cuantitativo se concreta en un diseño de investigación que consiste, fundamentalmente, en la estrategia y el plan de trabajo definidos por quien investiga, de forma coherente.

Por ello, los investigadores recolectan toda la información relevante para la instalación del laboratorio de telecomunicaciones aeronáuticas. En este sentido, se detallan los avances tecnológicos relacionados con el tema y las ventajas que este brinda tanto a la población estudiantil como a la aeronáutica civil. Para lograrlo, se aplican instrumentos de recolección de datos que permiten obtener información directa de los especialistas del área en estudio.

Población y muestra

LA POBLACIÓN EN UN trabajo de investigación, según Hernández, Fernández y Baptista (2014), es "el conjunto de todos los casos que concuerdan con determinadas especificaciones", es decir, un gran conjunto de personas u objetos seleccionados minuciosamente, que son el foco principal que investigar, con la característica principal de que todos los que constituyen la población, deben tener un aspecto, similitudes o un rasgo en común.

En este sentido la población está constituida por los ETA del Instituto Universitario de Aeronáutica Civil, tanto especialistas como estudiantes para un total de 119 personas divididas entre 5 especialistas en el área y 114 estudiantes, lo que hace que esta sea una población finita. Bajo este marco, Arias (2012) expone la población como "un conjunto finito o infinito de elementos con características comunes para los cuales serán extensivas conclusiones de la investigación. Esta queda determinada por el problema y por los objetivos del estudio". Dicho de otra forma, los especialistas en conjunto con los estudiantes constituyen un elemento fundamental como población para el desarrollo del tema de estudio, debido a que, son la pieza fundamental de la obtención de resultados.

Para el tipo de muestra se usó de tipo no probabilístico, el cual es definido Cuesta, (2009) como, "el muestreo no probabilístico es una técnica de muestreo donde las muestras se recogen en un proceso que no brinda a todos los individuos de la población iguales oportunidades de ser seleccionados", por lo que para la aplicación del instrumento fueron considerados tomar una muestra de la población constituida por 4 estudiantes y 4 especialistas para un total de 8 a los cuales se les aplico el instrumento del cuestionario de manera online, lo que permitió la recolección necesaria de la información para el cumplimiento de los objetivos.

Técnicas e instrumentos de recolección de datos

EL INSTRUMENTO ES EL elemento que aplica el investigador para obtener información, orientado a crear condiciones adecuadas para la medición de datos obtenidos. Entre estos se encuentran los formularios, las pautas de observación, las pruebas psicológicas, escalas de opiniones y actitudes, las listas u hojas de control y entre otros.

Para obtener una adecuada recolección de datos el investigador debe seguir un planeamiento detallado de lo que se hará en la recolección de datos, en este sentido, Yuni & Urbano, (2014) señalan que:

> La función primordial de una técnica de recolección de información primaria es el registro de los fenómenos empíricos; a partir de los cuales se generan modelos conceptuales, en la lógica cualitativa o se contrastan con el modelo teórico adoptado, en la lógica cuantitativa.

Por lo que la técnica utilizada por los investigadores es la encuesta, debido a que se basa en la recolección de datos para la investigación mediante cuestionarios aplicados a un grupo, en virtud de esto, la encuesta es definida por Hernández, Fernández y Baptista (2014) como "el instrumento más utilizado para recolectar datos, consiste en un conjunto de preguntas respecto a una o más variables a medir", en consecuencia, los investigadores consiguen la información necesaria directamente de los encuestados, ya que constituye una forma concreta de la técnica del cuestionario.

En este sentido, el instrumento utilizado por los investigadores para el análisis de los datos es el cuestionario, el cual es definido por Meneses, J. (2016) la define como: "el instrumento estandarizado que empleamos para la recolección de datos durante el trabajo de campo de algunas investigaciones cuantitativas, fundamentalmente, las que se llevan a cabo con metodologías de encuestas", de esta manera los investigadores obtienen la información de manera directa con el fin de construir datos de primera mano de la población, el instrumento será aplicado a los técnicos que se encuentran en la institución para la recopilación de datos que serán proporcionados por los mismos, con la finalidad de facilitar la recolección de la información para la investigación.

Es por esto que, el presente trabajo de investigación se basa en un cuestionario el cual está constituido en base a los objeticos de la misma, de acuerdo a los objetivos específicos planteados y el objetivo general, la primera parte está destinada a comprobar la información sobre si los equipos que se encuentran en el laboratorio se encuentran funcionales y está compuesta por dos (2) ítems, la segunda destinada a indagar sobre las condiciones en las que se encuentran las instalaciones del laboratorio y se compone por dos (2) ítems, la tercera destinada a indagar si es posible llevar a cabo la activación del laboratorio de telecomunicaciones, conformada por dos (2) ítems, por último la cuarta parte la cual está vinculada con el objetivo general está destinada a sondear sobre la propuesta de los investigadores sobre llevar a cabo la activación del laboratorio, conformada por tres (3) ítems. En conclusión, el cuestionario estuvo conformado por nueve (9) ítems de preguntas de tipo cerrada de selección simple con respuestas tricotómicas.

Validez y Confiabilidad del instrumento

EN LA INVESTIGACIÓN cuantitativa, la validez del instrumento utilizado es fundamental para garantizar la fiabilidad de los resultados obtenidos. Según Creswell (2014), la validez se refiere a "la capacidad del instrumento para medir lo que pretende medir, y debe evaluarse mediante diferentes estrategias para garantizar la precisión y la confiabilidad de los resultados". En este sentido, se utilizó un proceso riguroso para diseñar y validar el instrumento de recolección de datos de esta investigación. Los resultados indicaron que el instrumento es válido y confiable para medir las variables de interés en la investigación. De esta manera, el tutor metodológico aprobó el instrumento al considerar que cumple con los estándares requeridos para garantizar la validez y la confiabilidad de los datos obtenidos.

Técnicas para el análisis de datos

EN ESTA ETAPA SE COMPRUEBA cómo analizar los datos y que herramientas de análisis estadístico son las apropiadas para este propósito. Según Sekaran & Bougie (2016) "El análisis de datos es el proceso mediante el cual se examinan, organizan y codifican los datos para obtener resultados significativos y concluyentes a partir de ellos".

Ahora bien, una vez diseñado el instrumento y técnica de estudio. En esta sección, los datos estuvieron vinculados a un proceso de análisis y observaciones, donde se permitió simplificarlos antes de introducir un análisis diferenciado a partir de los procedimientos estadísticos y regresión, para que de esta manera se pueda facilitar su interpretación y resultado

Este procesamiento de datos se efectuó aplicando un procedimiento en cuadros de distribución de frecuencias y porcentajes, representados en gráficos circulares que permiten una visión más precisa del análisis. Por otra parte, se utilizó el método de distribución de frecuencia para poder plasmar de una forma más sencilla los valores recogidos en el instrumento, que según Hernández, Fernández y Baptista (2014) es "un conjunto de puntuaciones ordenadas en sus respectivas categorías". Por otra parte, Bernal (2010) propone en cuanto a la distribución de frecuencias como aquella que "indica el número de veces que ocurre cada dato en una tabla de resultados". Por ende, el número de veces que se repite un dato de la variable que se está estudiando en una población o muestra se denomina frecuencia o frecuencia absoluta y se denota por F.

Así de esta manera, se confrontan estos resultados con los planteamientos expuestos en el marco teórico, a fin de determinar su veracidad. Ello reafirmará la interpretación de la información obtenida en la realidad objeto de estudio.

FASE V: DESARROLLO

ANÁLISIS DE RESULTADO

Sampieri, (2014), define el análisis de resultados como "el tratamiento estadístico o matemático necesario para poder contrastar las hipótesis planteadas y responder a los objetivos de la investigación" el análisis de resultados es fundamental en cualquier investigación, ya que permite procesar la información obtenida y extraer conclusiones por medio de gráficos y tablas en los que se puede observar de manera visual los resultados que arrojó la investigación. A continuación, se presentan los resultados obtenidos.

Ítem 1. ¿Considera usted que los equipos (Antenas, Comunicación Satelital, Propagación y Onda, Analizador de Redes, Fibra Óptica) presentes en el laboratorio de telecomunicaciones aeronáuticas en el Instituto Universitario de Aeronáutica Civil May Av. "Miguel Rodríguez" se encuentran en buen estado para su manejo en aulas prácticas?

Cuadro 2

Condición de los Equipos

Alternativa	Fx	Porcentaje
Si	6	76%
No	0	0%
No sé	2	24%
TOTAL	8	100%

Fuente:

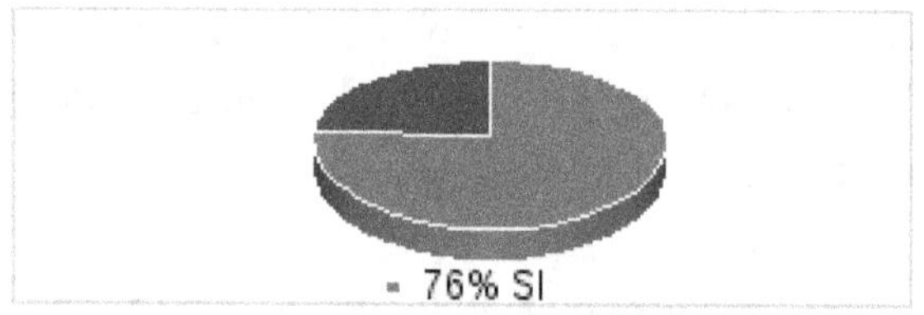

Gráfico 1. Condición de los equipos

LA MITAD DE LA MUESTRA seleccionada asevera que los equipos indicados en la interrogante se encuentran en buen estado para su manejo o uso en aulas prácticas. Por otra parte, la mitad restante de la muestra se muestra en desconocimiento del buen estado de los equipos. Evidenciando así, la posibilidad de uso de los equipos dentro del laboratorio de telecomunicaciones.

Ítem 2. ¿Cree usted que el estado actual de los equipos es un impedimento para la apertura del laboratorio de telecomunicaciones aeronáuticas en el Instituto Universitario de Aeronáutica Civil May Av. Miguel Rodríguez?

Cuadro 3

Factibilidad de los equipos

Alternativa Fx Porcentaje

Si   0   0%

No   7   88%

No sé   1   12%

TOTAL   8   100%

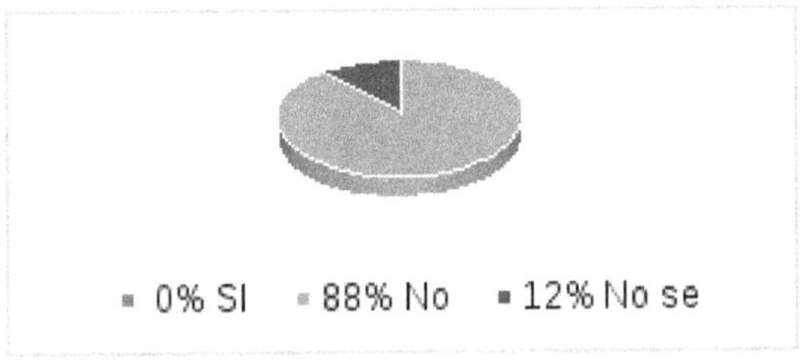

Gráfico 2. Factibilidad de los equipos

COMO SE MUESTRA EN los resultados arrojados por la interrogante no se presenta impedimento alguno para la apertura de laboratorio, detallando que la totalidad de la muestra se divide equitativamente entre la negativa de la pregunta y el desconocimiento del estado de los equipos.

Ítem 3. ¿Considera usted que las instalaciones/Infraestructura actuales (A/C, mesas, sillas, escritorio, pizarrón, etc.) presentes en el laboratorio de telecomunicaciones aeronáuticas en el Instituto Universitario de Aeronáutica Civil May Av. Miguel Rodríguez se encuentran aptas para su habilitación?

Cuadro 4

Condición de las instalaciones

Alternativa	Fx	Porcentaje
Si	5	64%
No	2	24%
No sé	1	12%
TOTAL	8	100%

Gráfico 3

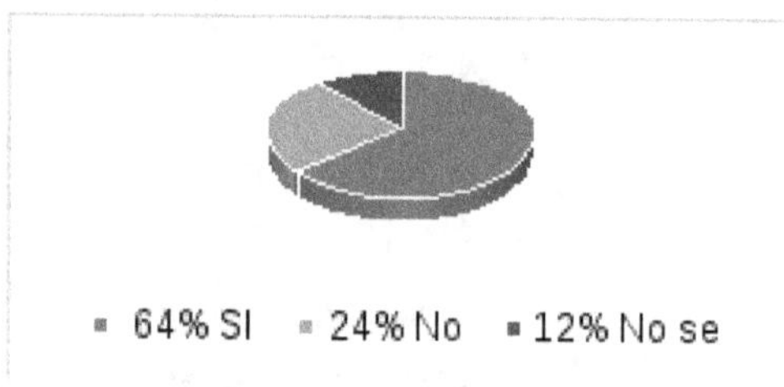

Gráfico 3. Condición de las instalaciones

COMO SE OBSERVA EN la pregunta, la mayoría de la muestra se inclina hacia la afirmación del estado apto de las instalaciones/ infraestructuras presentes en el laboratorio. Por su parte, dos personas de la muestra presentaron negativa ante la interrogante, restando a una persona como incierta ante la pregunta.

Ítem 4. ¿Cree usted que el estado actual de las instalaciones es un impedimento para la apertura del laboratorio de telecomunicaciones aeronáuticas en el Instituto Universitario de Aeronáutica Civil May Av. Miguel Rodríguez?

Cuadro 5

Factibilidad de las instalaciones

Alternativa Fx Porcentaje

Si   2 24%

No   5 64%

No sé   1 12%

TOTAL   8 100%

Gráfico 4

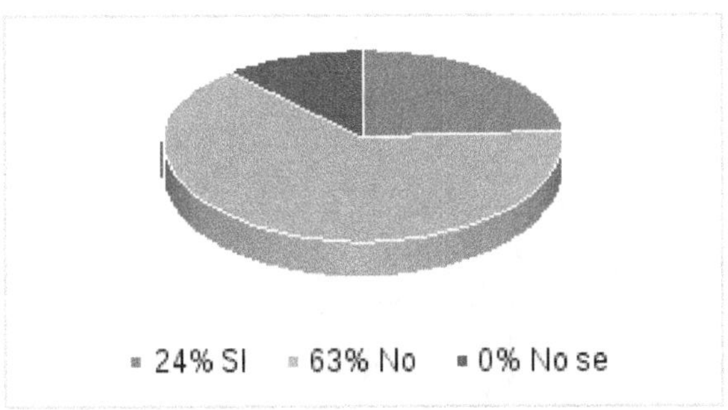

Gráfico 4. Factibilidad de las instalaciones

LOS RESULTADOS OBTENIDOS por esta interrogante indican que un cuarto de la muestra considera un impedimento el estado actual de las instalaciones del laboratorio, sin embargo, la mayoría de la muestra considera que situación actual del laboratorio no es impedimento alguno para la apertura, dejando así, a una persona que presenta un criterio incierto.

Ítem 5. ¿Considera usted que la activación del laboratorio de telecomunicaciones servirá como complemento para reforzar el conocimiento de materias teóricas en los estudiantes de ingeniería electrónica para la seguridad del tránsito aéreo (ETA)?

Cuadro 6

Beneficio de la activación

Alternativa Fx Porcentaje

Si   8   100%

No   0   0%

No sé   0   0%

TOTAL   8   100%

Gráfico 5

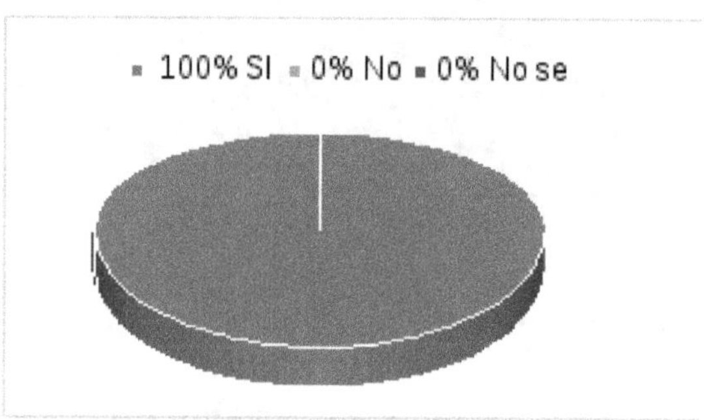

Gráfico 5. Beneficio de la activación

DE LA FORMA QUE SE evidencian los datos, se presenta que la totalidad de la muestra del laboratorio de telecomunicaciones si sería aprovechado como un complemento de refuerzo al conocimiento proviso de materias teóricas para los estudiantes de la mención ETA.

Ítem 6. ¿Considera usted que es posible habilitar el laboratorio de telecomunicaciones aeronáuticas en el Instituto Universitario de Aeronáutica Civil May Av. "Miguel Rodríguez" en las condiciones actuales?

Cuadro 7

Disposición del laboratorio

Alternativa Fx Porcentaje

Si   6 76%

No   0 0%

No sé   2 24%

TOTAL   8 100%

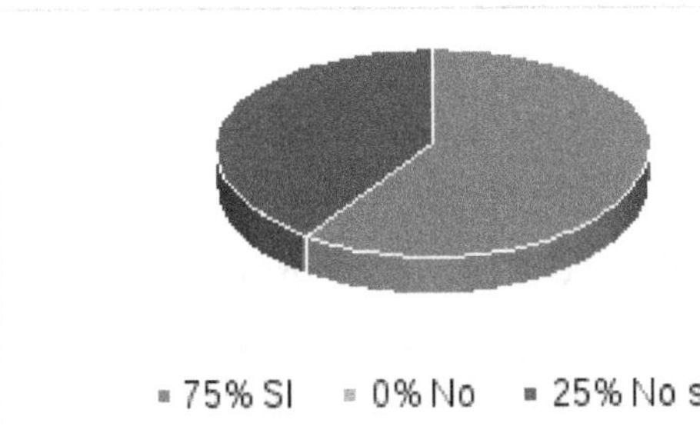

Gráfico 6

Gráfico 6. Disposición de del laboratorio

LA INFORMACIÓN OBTENIDA señala una inclinación mayoritaria hacia la afirmación de ser posible habilitar el laboratorio de telecomunicaciones, en contraste, dos personas de la muestra señalaron que desconocen la posibilidad de habilitar el laboratorio.

Ítem 7. ¿Considera usted que los estudiantes se beneficiaran de la apertura del laboratorio de telecomunicaciones aeronáuticas en el Instituto Universitario de Aeronáutica Civil May Av. "Miguel rodríguez"?

Cuadro 8

Beneficios de apertura del laboratorio

Alternativa Fx Porcentaje

Si   8 100%

No   0 0%

No sé   0 0%

TOTAL   8 100%

Gráfico 7

Gráfico 7.

DE MANERA PRECISA, la totalidad de la muestra afirma un beneficio a los estudiantes producto de la apertura del laboratorio de telecomunicaciones aeronáuticas en el instituto.

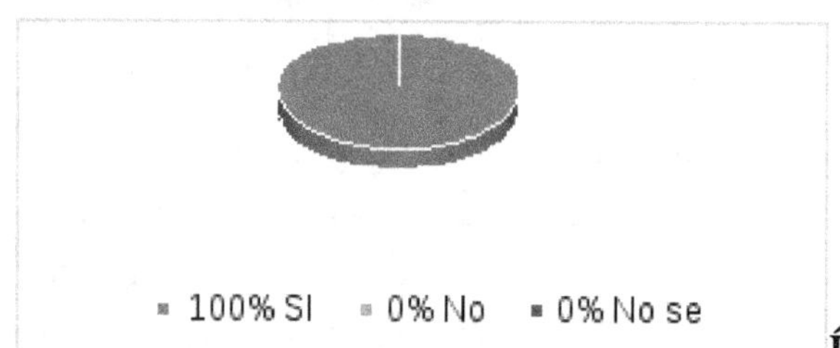

Ítem 8. ¿Considera usted que es importante la activación de un laboratorio de telecomunicaciones aeronáuticas en el Instituto Universitario de Aeronáutica Civil May Av. ''Miguel Rodríguez''?

Cuadro 9

Importancia del laboratorio

Alternativa Fx Porcentaje

Alternativa	Fx	Porcentaje
Si	8	100%
No	0	0%
No sé	0	0%
TOTAL	8	100%

Gráfico 8

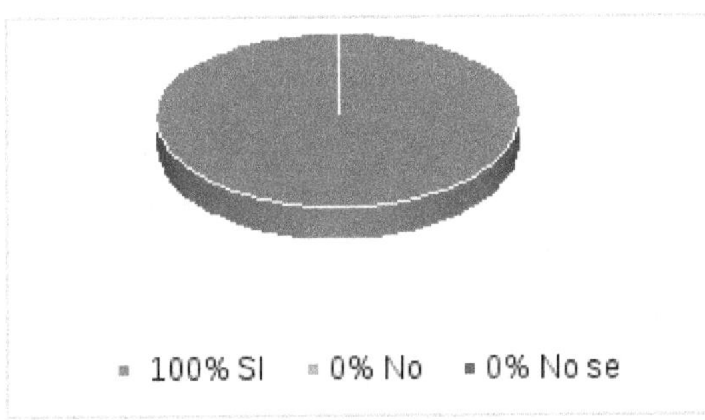

Gráfico 8. Importancia del laboratorio

LA INFORMACIÓN OBTENIDA a partir de la interrogante presentada resalta la importancia de la activación de un laboratorio de telecomunicaciones aeronáuticas en el instituto por el señalamiento afirmativo de la totalidad de la muestra.

Ítem 9. ¿Considera usted correcto la formación de ingenieros ETA sin practica en el área de telecomunicaciones aeronáuticas?

Cuadro 10

FORMACIÓN PRÁCTICA de los estudiantes

Alternativa Fx Porcentaje

Alternativa	Fx	Porcentaje
Si	0	0%
No	7	88%
No sé	1	12%
TOTAL	8	100%

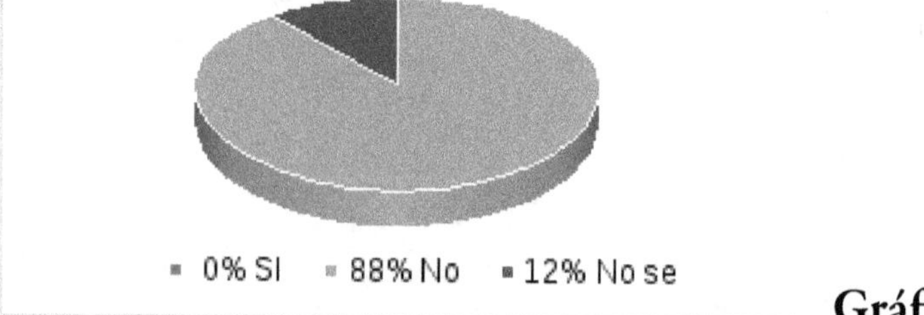

Gráfico 9

Gráfico 9. Formación práctica de los estudiantes

BAJO LA OBSERVACIÓN de los datos presentados, se proyecta que la mayoría de la muestra no considera adecuado la formación de ingenieros ETA sin práctica en el área de telecomunicaciones aeronáuticas, restando así, en una persona mostrada incierta ante la interrogante.

Reflexiones finales y Recomendaciones

Reflexiones finales

Los resultados obtenidos indican que el laboratorio de telecomunicaciones del IUAC se encuentra completamente inoperativo, sin embargo, el estado de los equipos es apto para su funcionamiento y las instalaciones del laboratorio se encuentran en óptimas condiciones para que los estudiantes puedan permanecer cómodamente en ellas. Además, se demostró que la mayoría de los encuestados están de acuerdo con la activación del laboratorio, ya que esta medida significaría un gran fortalecimiento en el área práctica de los estudiantes en el campo de las telecomunicaciones aeronáuticas.

El objetivo de este laboratorio sería proporcionar un espacio donde los estudiantes de nuestra universidad puedan aprender sobre las tecnologías de las telecomunicaciones, así como aplicar los conocimientos teóricos adquiridos en la carrera a proyectos prácticos en el campo de la aeronáutica. Además, la habilitación de este laboratorio también permitiría a nuestra universidad establecer colaboraciones y alianzas con empresas y organizaciones que se dedican al desarrollo de tecnologías de telecomunicaciones para la aviación. Esto, a su vez, podría generar oportunidades para nuestros estudiantes y graduados en términos de prácticas profesionales, proyectos de investigación conjuntos y empleo.

En este sentido, la habilitación de un laboratorio de telecomunicaciones en nuestra universidad aeronáutica sería una inversión valiosa en el futuro de nuestros estudiantes y de la industria de la aviación en general. Por lo tanto, les insto a considerar esta propuesta y a trabajar juntos en su implementación.

En conclusión, la activación del laboratorio de telecomunicaciones en el IUAC permitiría un fortalecimiento significativo en la formación académica y profesional de los estudiantes, aportando al crecimiento y desarrollo de la institución en el ámbito de las telecomunicaciones aeronáuticas. Los resultados obtenidos en este estudio y las sugerencias para futuras investigaciones pueden ser de gran utilidad para el diseño de políticas educativas y para el fortalecimiento de las capacidades técnicas y profesionales en el área de las telecomunicaciones aeronáuticas.

Recomendaciones

ES FUNDAMENTAL RESALTAR que contar con un laboratorio de telecomunicaciones que permita a los estudiantes reforzar el área teórica a través de la práctica, beneficia su desempeño laboral y les brinda mayor confianza y seguridad al momento de desenvolverse en los servicios. Por lo tanto, la activación del laboratorio propuesto puede contribuir significativamente al mejoramiento de la formación académica y profesional de los estudiantes del IUAC.

A continuación, se mencionan algunos lineamientos recomendados por los investigadores:

- Organizar encuentros, talleres y actualizaciones para mantener al personal docente y estudiantil en la capacitación continua de los equipos de comunicaciones que se encuentran en los servicios de navegación aérea a nivel nacional.

- Realizar una revisión detallada del equipamiento existente en el laboratorio, para asegurarse de que todos los equipos se encuentran en buen estado y funcionales.

- Definir un plan de mantenimiento preventivo para el equipamiento del laboratorio, que permita garantizar su buen funcionamiento y prolongar su vida útil.

- Designar un equipo de docentes y técnicos especializados en telecomunicaciones aeronáuticas para el laboratorio, que puedan brindar el apoyo necesario a los estudiantes y guiarlos en sus prácticas.

- Planificar y coordinar las actividades y horarios de uso del laboratorio, de manera que se optimice su uso y se eviten conflictos de horarios.

- Fomentar la participación de los estudiantes en las prácticas y actividades del laboratorio, para que puedan desarrollar sus habilidades y conocimientos en el campo de las telecomunicaciones aeronáuticas.

- Monitorear continuamente el desempeño del laboratorio y el nivel de satisfacción de los estudiantes y docentes con su funcionamiento, con el fin de realizar ajustes y mejoras necesarias.

Como sugerencias para futuras investigaciones, se podrían realizar estudios sobre la implementación de programas de formación en telecomunicaciones aeronáuticas, la evaluación del impacto de la activación del laboratorio en el rendimiento académico de los estudiantes, o la comparación de las prácticas y metodologías de enseñanza en el área de las telecomunicaciones aeronáuticas entre diferentes instituciones educativas.

REFERENCIAS BIBLIOGRÁFICAS

Anexo 10 Telecomunicaciones aeronáuticas, Capitulo 3. Red de telecomunicaciones aeronáuticas. Noviembre 23, 2006.

Arias F. (2012). El Proyecto de Investigación. Caracas: Editora Episteme. 6ª edición.

Bernal C. (2010). Metodología de la Investigación. Colombia: PEARSON EDUACACIÓN. 3ª edición.

Constitución de la República Bolivariana de Venezuela (1999). Gaceta Oficial de la República Bolivariana de Venezuela, 5453. Marzo 3, 2000.

Díaz-Narváez, Víctor Patricio & Calzadilla Núñez, Aracelis. (2016). Artículos científicos, tipos de investigación y productividad científica en las Ciencias de la Salud. Revista Ciencias de la Salud, Volumen 14 (1), pp 115-121.

Eudaldo C. (2018). Las variables y su operacionalización en la investigación educativa. Parte I. Revista Conrado, Volumen (N.º 14). pp. 39-49.

Hernández R., Fernández C., Baptista P. (2014). Metodología de la Investigación. McGraw-Hill. 6ª edición.

Hernández Sampieri, R., Fernández Collado, C., & Baptista Lucio, P. (2014). Metodología de la investigación (6a. ed.)

Instituto Universitario de Aeronáutica Civil. (2019). Guía Metodológica para la Elaboración y Presentación del Proyecto Socio integrador 2da Edición. Maracay.

Instrumento Recolección de datos. [Documento en línea] Disponible en: https://forms.gle/zg81B66RhKbxNr719

Johnatan (2020). ¿Qué es la radiocomunicación? [Documento en línea] Disponible en: https://teamvox.com/que-es-la-radiocomunicacion/

Kiligann, A. (2022) ¿Que Son Las Bases Legales En Un Trabajo De Investigación? [Documento en línea] Disponible en:

https://elconsejosalvador.com/trabajo/que-son-las-bases-legales-en-un-trabajo-de-investigacion.html (Consulta: febrero 09, 2023).

Kyes J. ¿Qué significa GPS? [Documento en línea] Disponible en: https://www.geotab.com/es/blog/que-es-gps/

Ley de Aeronáutica Civil. Gaceta Oficial de la República Bolivariana de Venezuela, 38.226. Septiembre 28, 2001.

Márquez B. (2018). Comunicación microondas. [Documento en línea] Disponible en:

https://www.ecured.cu/
Comunicaci%C3%B3n_v%C3%ADa_microondas

Maxwell, J. A. (2013). Diseño de investigación cualitativa: Un enfoque interactivo (3ª ed.). Thousand Oaks, CA: Sage.

Meneses J. (2016) El cuestionario. [Documento en línea] Disponible en: https://femrecerca.cat/meneses/publication/cuestionario/cuestionario.pdf (Consulta: febrero 10, 2023).

Navarro, J. (2022). Definición de Marco Teórico. [Documento en línea] Disponible en: https://www.definicionabc.com/ciencia/marco-teorico.php. (Consulta febrero 8, 2023)

Organización de Aviación Civil Internacional (OACI), diciembre 7, 1994.

Orozco J. (2018). ¿Cómo redactar los antecedentes de una investigación cualitativa? Revista Electrónica De Conocimientos, Saberes Y Prácticas. Volumen 1,2. pp. 66–82.

Plan de la Patria (2019-2025). Gaceta Oficial de la República Bolivariana de Venezuela, 6442. Abril 3, 2019.

Proyecto MAGTA. (2009). [Documento en línea] Disponible en: https://www.aviacioncivil.com.ve/proyecto-magta-venezuela/

Regulación Aeronáutica Venezolana. Gaceta Oficial de la República Bolivariana de Venezuela, 38.333. Diciembre 12, 2005

Rivera, J. (2013). Diseño e Implementación de un Laboratorio de Comunicaciones Unificadas para la Facultad de Ingeniería de Telecomunicaciones. [Documento en línea] Disponible en:

https://1library.co/document/qvlv0x1y-diseno-implementacion-laboratorio-comunicaciones-unificadas-facultad-ingenieria-telecomunicaciones.html. (Consulta: Julio 07, 2022).

Rodríguez C. ¿Qué es un radio enlace? [Documento en línea] Disponible en: https://www.zoostock.com/conectividad-inalambrica/que-es-un-radioenlace-y-como-funciona. (Consulta: Julio 10, 2022).

Ruíz, F., Fernández, D., García, A., Muñoz, F., Bellido, L. y Moreno, J. (2014). Implantación de un Laboratorio Docente para Redes de Comunicaciones. [Documento en línea] Disponible en:

https://www.academia.edu/9756723/

Implantaci%C3%B3n_de_un_Laboratorio_Docente_para_Redes_de_Com

(Consulta: junio 20, 2022)

Uriarte J. (2021). Satélites artificiales. [Documento en línea] Disponible en: (Consulta: mayo 27, 2022).

Vicente, M., Alonso, C., Fernández, A. (2008). Laboratorio de entrenamiento electrónico controlado por microprocesador. [Documento en línea] Disponible en: http://tarea.etsist.upm.es/actas/1996/papers/1996S1H01.pdf (Consulta: mayo 20, 2022).

Yuni & Urbano (2006). Técnicas para investiga: recursos metodológicos para las preparaciones de proyectos de investigación. Córdoba: Brujas, 2006. 2ª edición.

Don't miss out!

Visit the website below and you can sign up to receive emails whenever Sección U ingeniería Electrónica para el Tránsito Aéreo publishes a new book. There's no charge and no obligation.

https://books2read.com/r/B-A-JVJZ-PCMLC

Did you love *Activación de un Laboratorio de Telecomunicaciones*? Then you should read *Tratado moderno de logística, distribución y exportación de rubros agrícolas*[1] by Ana Elizabeth Duarte Hernandez and Wilmer Antonio Velásquez Peraza!

[2]

La producción y distribucion agrícola, como fuente de materia prima que se obtiene mediante el cultivo de la tierra, está sujeta a una condición altamente riesgosa, porque su productividad depende del clima, de los métodos utilizados para su producción, exportacion, la accesibilidad al uso de riego, entre otros, además, demandan la conjunción de esa multitud de factores que deberán combinarse de forma efectiva a la hora de lograr óptimos manejos para hacer llegar los productos en optimo estado.

---

1. https://books2read.com/u/mvyADq

2. https://books2read.com/u/mvyADq

Also by Sección U ingeniería Electrónica para el Tránsito Aéreo

Telecomunicaciones y Electrónica
Activación de un Laboratorio de Telecomunicaciones

Watch for more at https://kdpeditorialdesign.com/.

About the Author

Ingeniería Electrónica para la seguridad del tránsito aéreo. El presente estudio de investigación tiene como objetivo proponer la activación de un Laboratorio de telecomunicaciones en una institución de aeronáutica civil y pretende ser una guía de estudios para todos aquellos jovenes que se desenvuelven en carreras afines y desean manejar terminologías relacionadas con la seguridad para el tránsito aéreo. Diagnóstico, potencialidades, herramientas y recursos aplicados en el aprendizaje para el logro de competencias en ese sentido.

Read more at https://kdpeditorialdesign.com/.